长江流域水生生物资源及生境状况公报

2022年

农业农村部长江流域渔政监督管理办公室
水 利 部 长 江 水 利 委 员 会 编著
生态环境部长江流域生态环境监督管理局
交 通 运 输 部 长 江 航 务 管 理 局

中国农业出版社
北 京

目 录

综　　述

2022年是党和国家历史上极为重要的一年。党的二十大胜利召开，描绘了全面建设社会主义现代化国家的宏伟蓝图。二十大报告明确提出，要"提升生态系统多样性、稳定性、持续性""实施好长江十年禁渔"。一年来，农业农村部长江流域渔政监督管理办公室会同有关部门和地区，深入学习习近平生态文明思想，贯彻落实习近平总书记长江大保护系列重要讲话和指示批示精神，按照党中央国务院决策部署，利用长江十年禁渔重要契机，全力推进长江水生生物多样性保护，长江水生生物资源呈现恢复态势。

2022年，是长江十年禁渔"三年强基础"承上启下的关键之年。长江流域水生生物资源监测网络成员单位在长江流域重点水域，包括长江干流、通江湖泊和重要支流，开展了水生生物资源监测评价工作。其中，大渡河、岷江、沱江、嘉陵江、乌江和汉江为2022年新增监测评价水域。

水生生物资源状况。长江流域水生生物资源量呈恢复态势，水生生物多样性水平有所提升。与2020年同监测点位相比，2022年长江流域重点水域监测到土著鱼类193种，比2020年（168种）增加25种，单位捕捞量为0.3～4.9千克，香农-威纳多样性指数为2.8～3.3。长江干流的单位捕捞量比2021年上升20.0%，香农-威纳多样性指数比2021年上升2.5%。四大家鱼（青鱼、草鱼、鲢、鳙）、刀鲚等资源恢复明显，刀鲚能够溯河洄游至历史最远水域洞庭湖，鳤在长江中下游干支流和通江湖泊多个水域出现。

重点保护物种状况。部分重点保护物种数量有所上升，但总体保护形势依然严峻。长江江豚自然种群数量约1 249头，与2017年相比，数量增加23.4%，年均增长率4.3%；中华鲟自然繁殖群体估算数量为13尾，未监测到自然繁殖；长江鲟监测到438尾，均为人工放流个体；国家二级保护野生动物监测到8种1 745尾，主要分布于长江上游干支流。

外来物种状况。外来物种种类有所增加，存在一定入侵风险。长江流域重点水域共监测到外来鱼类23种，与2021年相比，新监测到拉氏大吻鳄、短盖巨脂鲤、云斑鮰、伽利略罗非鱼、绿太阳鱼和虹鳟等。

栖息生境状况。长江流域水生生物栖息生境状况总体稳定。长江干支流水质评价总体为优，Ⅰ～Ⅲ类水质断面占98.1%，比2021年上升1.0个百分点。长江大通水文控制站年径流量为7 712亿米³，比2021年下降20.0%。长江干流、通江湖泊采砂总量约11 809万吨，比2021年下降15.3%。长江干流在建航道整治工程涉河长度637.5千米，比2021年下降9.8%。

水生生物完整性指数状况。长江流域水生生物完整性指数值总体处于低位。长江干流、洞庭湖和鄱阳湖完整性指数评价等级为"较差"，赤水河为"良"，均与2021年持平。沱江、嘉陵江、乌江和汉江为"较差"，大渡河和岷江为"差"。

一、 总体状况

（一）水生生物资源

2022年，长江流域重点水域监测到土著鱼类193种、虾蟹类22种。长江干流监测到土著鱼类164种；香农-威纳多样性指数为2.8，比2021年上升2.5%；单位捕捞量均值为1.8千克，比2021年上升20.0%。通江湖泊监测到土著鱼类95种；香农-威纳多样性指数为3.3，比2021年上升3.1%；单位捕捞量均值为4.7千克，受枯水期时间延长等影响，比2021年下降7.8%。重要支流监测到土著鱼类149种，香农-威纳多样性指数为3.0，单位捕捞量范围为0.3 ~ 2.2千克。

长江流域重点水域水生生物种类总体较为丰富，多样性水平有所提升，长江干流水生生物资源得到初步恢复，各水域优势种组成仍在变动中。鱼类种类数和单位捕捞量见图1-1。

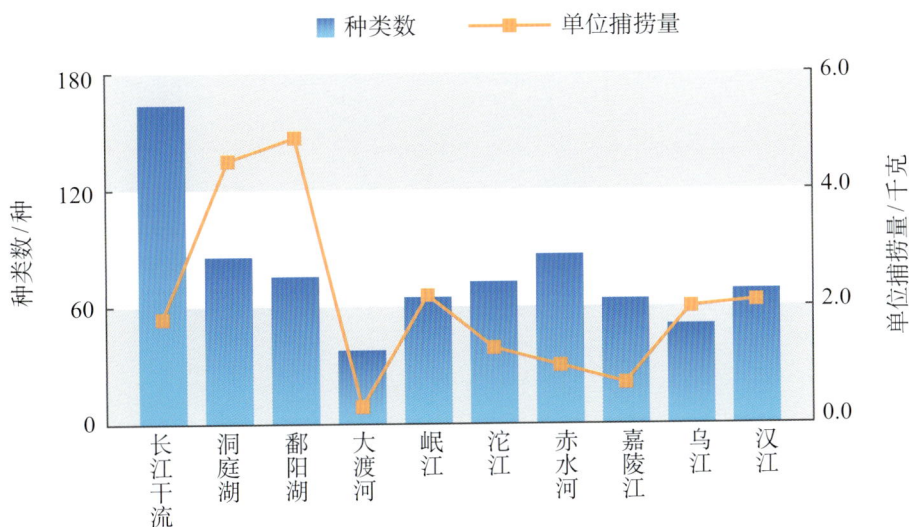

图1-1　2022年长江流域重点水域鱼类资源情况

（二）重点保护物种

2022年，长江流域重点水域共监测到国家重点保护野生动物11种。其中，国家一级保护野生动物3种：长江江豚、中华鲟、长江鲟。国家二级保护野生动物8种：圆口铜鱼、鲈鲤、多鳞白甲鱼、重口裂腹鱼、岩原鲤、胭脂鱼、长薄鳅和青石爬鮡。

长江江豚自然种群数量1 249头，其中长江干流595头、洞庭湖162头、鄱阳湖492头，自2006年开展流域普查以来，长江江豚数量首次实现止跌回升（图1-2）。2022年长江流域发现野外死亡长江江豚32头，较2021年减少8头，死亡主要原因是杂物缠绕、螺旋桨误伤、疾病等。

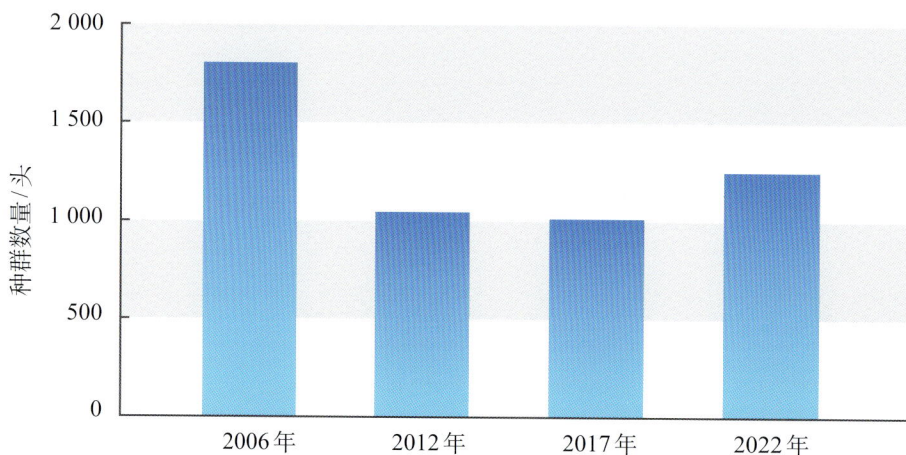

图 1-2　长江江豚种群数量

中华鲟自然繁殖群体数量估算为13尾，数量极少，未监测到自然繁殖。监测到长江鲟438尾，均为人工放流个体，未监测到自然繁殖。

监测到国家二级保护野生动物1 745尾（表1-1），与2021年相比，新监测到青石爬鮡、鲈鲤，未监测到长鳍吻鮈，个体数增加1 015尾，其中重口裂腹鱼和岩原鲤增加数量较多。

总体上，长江江豚等部分重点保护物种数量有所上升，但中华鲟、长江鲟等保护形势依然严峻。

表1-1　2022年监测到的国家二级保护野生动物

水域		岩原鲤	重口裂腹鱼	胭脂鱼	青石爬鮡	长薄鳅	圆口铜鱼	多鳞白甲鱼	鲈鲤	总计
长江干流	长江上游	298		128		8	30			464
	三峡库区	257		36		37	1	3		334
	长江中游			13						13
	长江下游			4						4
通江湖泊	洞庭湖			1						1
	鄱阳湖			1						1
重要支流	大渡河		246		1				2	249
	岷江	7	65	10	150	3				235
	沱江	30		4						34
	赤水河	278		26		2	3			309
	嘉陵江	18		36				28		82
	乌江	5							14	19
合计		893	311	259	151	50	34	31	16	1 745

（三）外来物种

2022年，长江流域重点水域监测到外来鱼类23种，主要种类为齐氏罗非鱼、散鳞镜鲤、杂交鲟、大眼华鳊和梭鲈等，主要分布于长江中上游干支流。其中，杂交鲟分布范围最广，覆盖了除沱江和乌江外的长江流域重点水域。外来物种种类和个体数有所增加，需要警惕。外来物种种类和数量见图1-3。

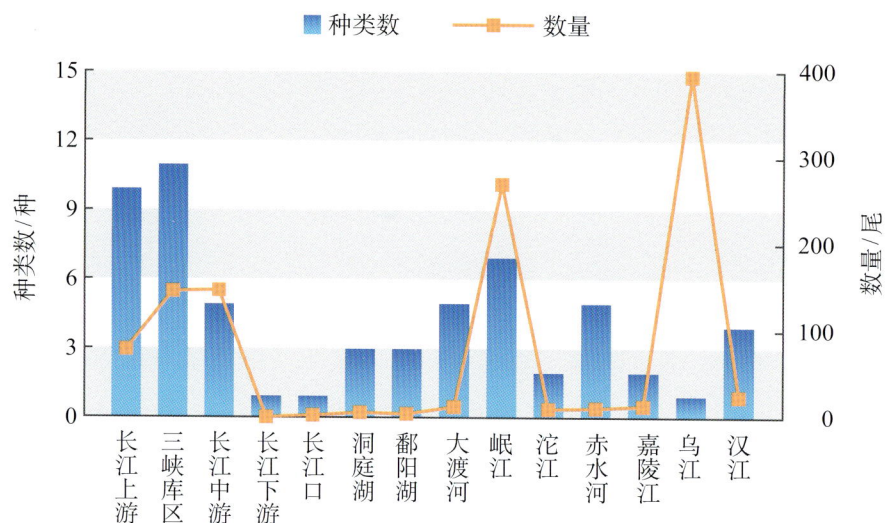

图1-3　长江流域重点水域外来物种情况

（四）栖息生境

2022年，长江干支流水质总体为优，监测的1 017个国控断面中，Ⅰ～Ⅲ类水质断面占98.1%，比2021年上升1.0个百分点，无劣Ⅴ类水质断面。近五年来，长江干支流Ⅰ～Ⅲ类水质占比呈现上升趋势（图1-4）。长江大通水文控制站年径流量为7 712亿米^3，近五年的年径流量总体稳定。2022年长江干流、通江湖泊及其主要支流采砂总量约11 809万吨，比2021年下降15.3%，近五年的年采砂总量呈上升趋势（图1-5）。2022年长江干流在建航道整治工程涉河长度637.5千米，比2021年下降9.8%。

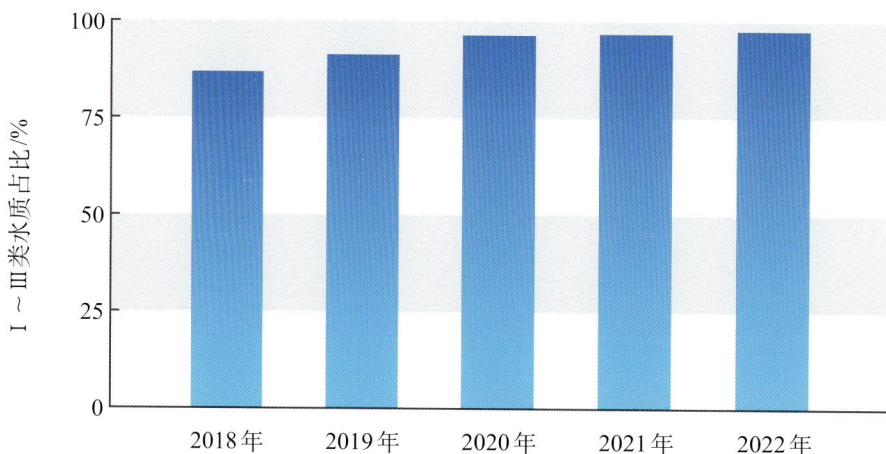

图1-4　长江干支流水质年际变化

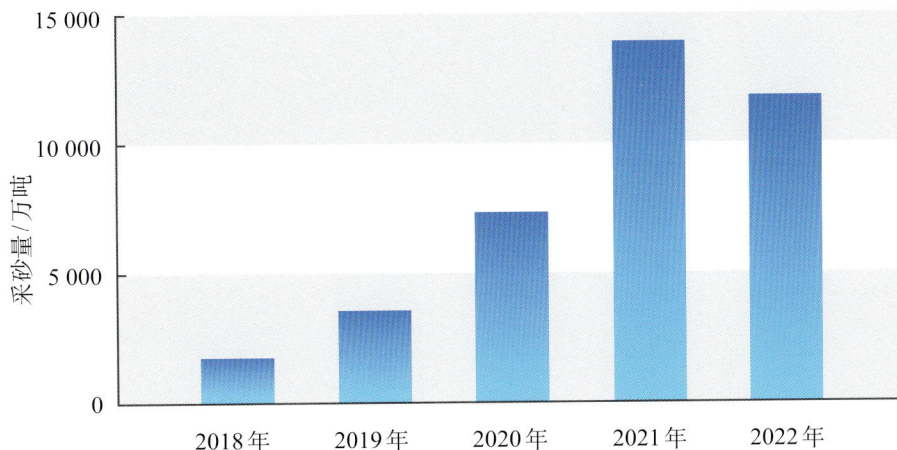

图1-5 长江干流及通江湖泊采砂量年际变化

（五）水生生物完整性指数

2021年3月1日起实施的《长江保护法》在长江流域标准体系建设的有关规定中明确，有关部门和地方人民政府根据物种资源状况建立长江流域水生生物完整性指数评价体系，并将其变化状况作为评估长江流域生态系统和水生生物总体状况的重要依据。

在2021年开展长江干流、通江湖泊和赤水河完整性指数评价基础上，2022年评价水域新增了大渡河、岷江、沱江、嘉陵江、乌江和汉江等支流。总体上，长江流域重点水域完整性指数值处于低位，各水域完整性指数情况见图1-6。

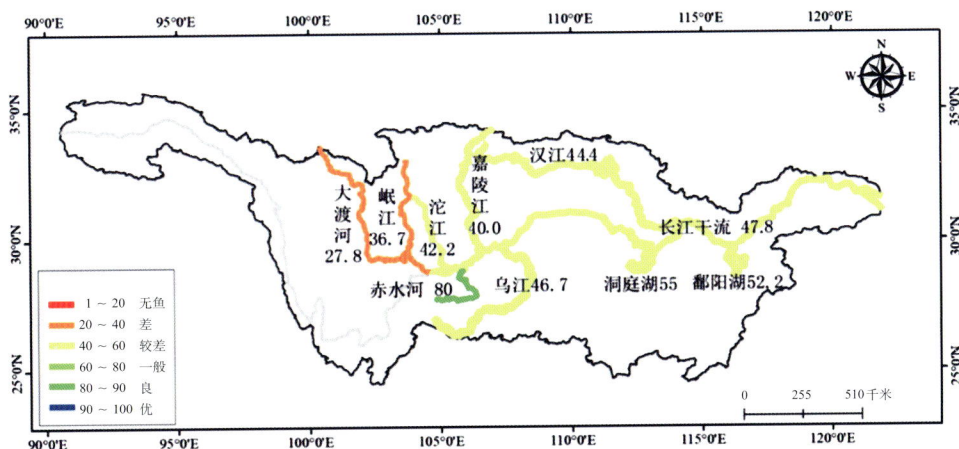

图1-6 2022年长江流域重点水域完整性指数情况

长江干流：长江干流完整性指数为47.8分，比2021年增加7.1分，主要是部分水域鱼类种类数增多、区域代表物种恢复明显。完整性指数评价等级为"较差"，与2021年持平，主要是水生生物多样性偏低、外来物种种类较多。

通江湖泊：洞庭湖和鄱阳湖完整性指数分别为55.0分、52.2分，比2021年分别增加13.3分、5.5分，主要是鱼类种类数、成鱼比例以及长江江豚种群数量有所增加。完整性指数评价等级均为"较差"，与2021年持平，主要是重点保护物种种类较少。

重要支流：赤水河完整性指数为80.0分，评价等级为"良"，与2021年持平，鱼类资源总体稳定向好。沱江、嘉陵江、乌江和汉江完整性指数分别为42.2分、40.0分、46.7分和44.4分，评价等级均为"较差"，主要是特有鱼类少、水体连通性较差。大渡河和岷江完整性指数分别为27.8分和36.7分，评价等级均为"差"，主要是鱼类种类数和区域代表性物种数量较少、外来物种较多。

二、长江干流

（一）水生生物资源

1. 长江上游

2022年，长江上游监测到土著鱼类96种。香农-威纳多样性指数为3.1，比2021年下降3.1%，相对稳定。单位捕捞量为1.6千克，比2021年上升33.3%。优势种为厚颌鲂、瓦氏黄颡鱼、鲤、岩原鲤和鳙，相比2021年，厚颌鲂、岩原鲤等上游特有鱼类资源量有一定幅度上升。

2. 三峡库区

2022年，三峡库区监测到土著鱼类85种。香农-威纳多样性指数为3.0，与2021年持平。单位捕捞量为2.0千克，比2021年下降9.1%。优势种为鲢、鲤、岩原鲤、鳙和短颌鲚，相比2021年，静水或缓流水生境的岩原鲤、短颌鲚占比增加。

铜鱼、圆口铜鱼、胭脂鱼和中华倒刺鲃等区域代表物种个体数占比为5.8%，比2021年下降2.1个百分点，资源状况相对稳定。

3. 长江中游

2022年，长江中游监测到土著鱼类77种。香农-威纳多样性指数为3.1，比2021年上升10.7%，多样性水平有所上升。单位捕捞量为2.2千克，比 2021 年上升 69.2%，资源量恢复显著。优势种为鳙、鲂、鲢、鳊和银鮈，相比 2021 年，均以植食性鱼类为主。

监利断面四大家鱼卵苗资源量为 78.7 亿粒·尾，比 2021 年上升 33.6%（图 2-1），鱼类早期资源恢复明显，但四大家鱼繁殖盛期推迟到 6 月底。监测到鳡 18 尾，比 2021 年增加 9 尾。

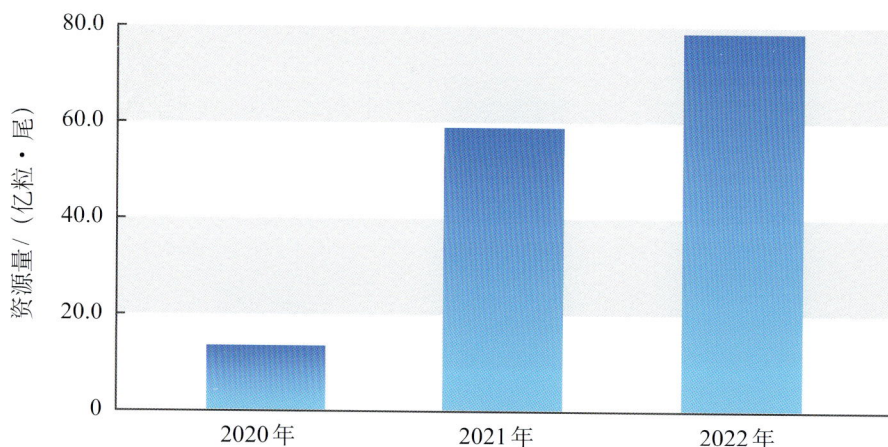

图 2-1　长江中游监利断面四大家鱼卵苗资源量

4. 长江下游

2022 年，长江下游监测到土著鱼类 91 种，虾蟹类 5 种。香农-威纳多样性指数为 2.9，比 2021 年下降 9.4%，主要是 2022 年贝氏䱗和光泽黄颡鱼等数量占比较高，其他种类数量相对较少，鱼类数量均匀性较差。单位捕捞量为 1.2 千克，与 2021 年持平。优势种为鳊、鲂、鳜、鳙和鲢，相比 2021 年，群落结构相对稳定，肉食性、植食性鱼类组成比较均衡。

刀鲚汛期单位捕捞量（流刺网）为 66.0 千克，比 2021 年上升 59.0%，主要是洄游繁殖群体，资源量恢复明显（图 2-2）。相比 2021 年，新监测到鳡 3 尾。

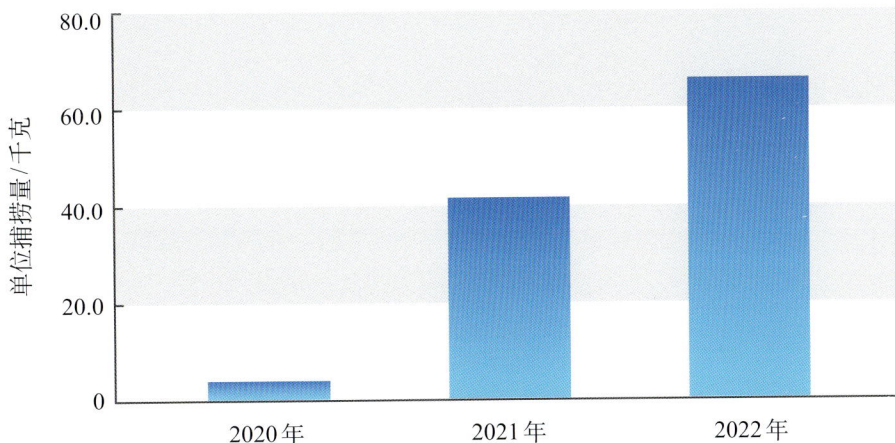

图2-2 长江下游刀鲚汛期单位捕捞量

5.长江口

2022年，长江口监测到土著鱼类40种、虾蟹类20种。香农-威纳多样性指数为2.1，比2021年上升31.3%，但仍处于较低水平。鱼类资源密度为791.3千克/千米², 比2021年上升198.2%，资源量恢复显著。优势种为中国花鲈、鮸、棘头梅童鱼、半滑舌鳎和长吻鮠，相比2021年，海洋性鱼类鮸、棘头梅童鱼和半滑舌鳎占比明显增加。

刀鲚资源密度（拖网）为40.7千克/千米²，比2021年上升32.6%，资源量恢复明显。刀鲚成鱼比例为40.0%，与2021年持平，成鱼占比保持较高水平。

（二）重点保护物种

1.国家一级保护野生动物

（1）长江江豚

野外种群情况：根据2022年长江江豚科学考察结果，2022年长江干流共目击长江江豚993头次，估算自然种群数量595头。其中宜昌至湖口段目击382头次，数量194头，湖口至长江口目击611头次，数量401头。分布密度以鄂州至南京江段最高，其次为宜昌至鄂州江段，南京以下江段最低（图2-3）。

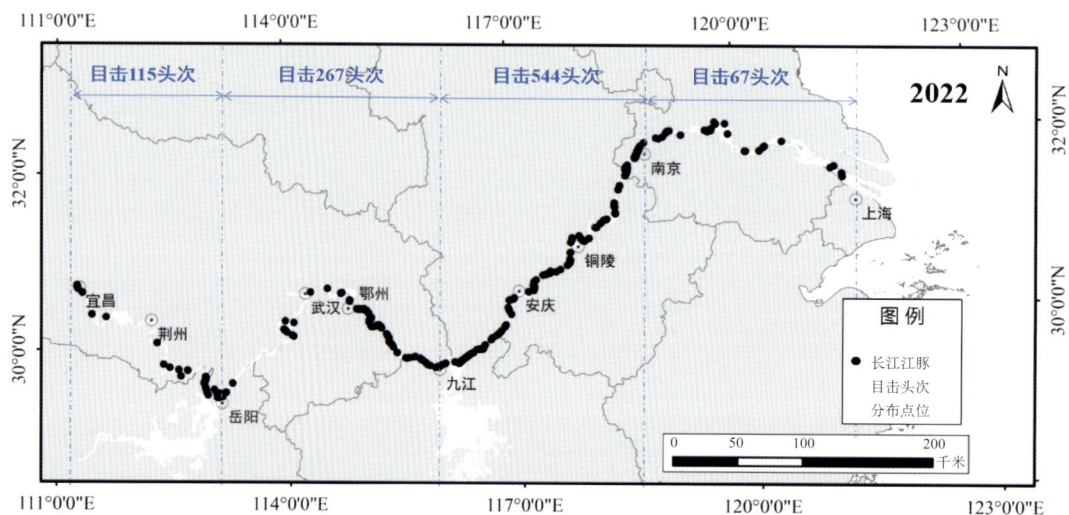

图2-3 2022年长江干流长江江豚种群分布情况

2020年以来，湖北武汉城区江段长江江豚频频现身；宜昌城区江段有长江江豚种群常年定居。江苏南京下关频现"江豚拜风""母子豚"奇景；长江江苏段目击长江江豚点位增加，分布范围扩大，甚至在历史分布空白区，如泰州、南通等水域，也能持续观测到。

迁地保护群体情况： 2022年，长江江豚迁地保护群体数量152头，其中长江天鹅洲白鱀豚国家级自然保护区故道长江江豚群体69头，监利何王庙/华容集成垸长江江豚省级自然保护区群体38头，安庆西江长江江豚迁地保护基地群体30头，长江新螺段白鱀豚国家级自然保护区故道群体5头，铜陵淡水豚国家级自然保护区夹江群体10头。

野外死亡情况： 2022年，长江干流共发现野外死亡长江江豚20头，其中6头雌性，12头雄性，2头性别未知。

（2）中华鲟

2022年，在长江湖北宜昌江段通过食卵鱼解剖、水下视频观测、江底采卵调查等方式均未监测到中华鲟自然产卵活动，中华鲟自然繁殖自2017年起已连续6年中断。葛洲坝下宜昌江段水声学调查估算，中华鲟繁殖群体数量13尾，繁殖群体数量年际变化情况见图2-4。

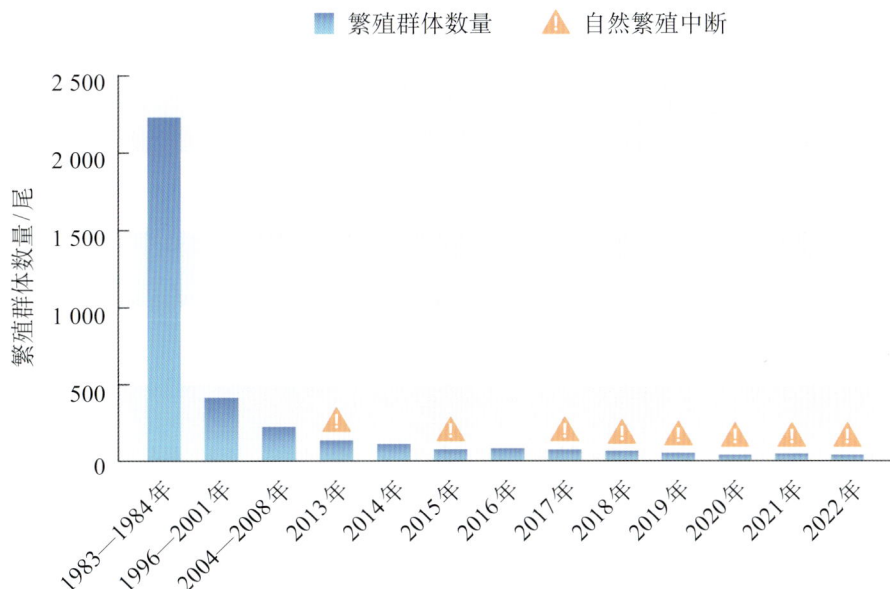

图2-4　中华鲟自然繁殖群体数量

长江宜昌、武汉、荆州、芜湖、太仓、张家港、常熟和上海段共放流中华鲟31万余尾，其中体长2米以上4尾，体长1米以上1 100余尾。其中，2022年4月9日在湖北省宜昌市举行的"2022年长江三峡中华鲟放流活动"放流不同规格子二代中华鲟23万尾。长江中下游及长江口监测到放流中华鲟亚成体20尾，未监测到野生中华鲟幼鱼。

（3）长江鲟

2022年，长江宜宾、泸州和荆州江段共放流长江鲟38万余尾，其中体长1米以上10尾。长江中上游监测到放流长江鲟幼鱼365尾，其中长江上游278尾、三峡库区63尾、长江中游24尾。未监测到长江鲟自然产卵活动。

2. 国家二级保护野生动物

2022年，监测到国家二级保护野生动物岩原鲤、胭脂鱼、长薄鳅、圆口铜鱼和多鳞白甲鱼共815尾。

（三）外来物种

长江上游：监测到梭鲈、拉氏大吻鳄、散鳞镜鲤、大鳞鲃、丁鲹、短盖巨脂鲤、麦瑞加拉鲮、尼罗罗非鱼、杂交鲟和斑点叉尾鮰10种81尾。相比2021年，新监测到拉氏大吻鳄、丁鲹、麦瑞加拉鲮、短盖巨脂鲤和斑点叉尾鮰5种。

三峡库区：监测到伽利略罗非鱼、麦瑞加拉鲮、尼罗罗非鱼、散鳞镜鲤、梭鲈、须鲫、绿太阳鱼、大鳞鲃、松浦镜鲤、罗非鱼未定种和杂交鲟11种146尾。相比2021年，新监测到尼罗罗非鱼、伽利略罗非鱼、松浦镜鲤和绿太阳鱼4种。

长江中游：监测到鲮、散鳞镜鲤、杂交鲟、斑点叉尾鮰和大眼华鳊5种148尾。相比2021年，新监测到大眼华鳊。

长江下游：监测到杂交鲟1尾。

长江口：监测到杂交鲟3尾。

（四）栖息生境

1. 水质

长江干流：2022年，长江干流水质为优。监测的82个国控断面中，

Ⅰ～Ⅱ类水质断面占100%。干流国控断面连续3年全线达到Ⅱ类水质。

重要栖息生境：2022年，对长江上游珍稀特有鱼类产卵场、三峡库区鱼类索饵场、宜昌中华鲟产卵场、荆江四大家鱼产卵场等重要栖息生境开展水质监测。监测水域水质总体良好，基本能满足鱼类生长繁殖需求。总氮全年在所有监测断面超地表水Ⅲ类水标准，鱼类越冬期非离子氨、氨氮等93%监测断面符合水质评价标准，鱼类育肥期非离子氨87%监测断面符合水质评价标准。

2. 水文及采砂

水文：2022年，长江干流大通水文控制站年径流量为7 712亿米^3，比2021年减少20.0%，比1950—2020年均值偏少14%，近五年来，年径流量总体稳定（图2-5）。长江干流主要水文控制站2022年径流特征值与多年平均值比较，年径流量向家坝、朱沱、攀枝花、寸滩、宜昌、沙市、汉口、大通站偏小4%～17%，直门达、石鼓站分别偏大16%、3%。2022年，长江干流主要水文控制站径流量见表2-1。

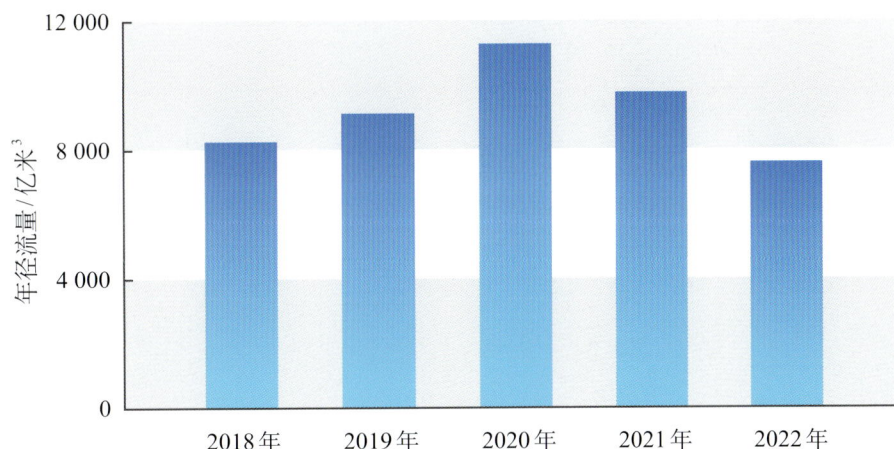

图2-5　长江干流大通水文控制站年径流量年际变化

表 2-1　2022年长江干流主要水文控制站径流量

水文控制站	年径流量／亿米^3	水文控制站	年径流量／亿米^3
直门达	154.8	寸滩	2 851
石鼓	440.7	宜昌	3 623
攀枝花	546.3	沙市	3 411
向家坝	1 276	汉口	6 009
朱沱	2 303	大通	7 712

采砂：2022年，长江干流（宜宾至上海）河道采砂约1 451万吨，其中，上游干流（宜昌以上）河道采砂总量约499万吨；中下游干流（宜昌以下）河道采砂总量约952万吨。近五年来，长江干流河道采砂总量基本稳定（图2-6）。

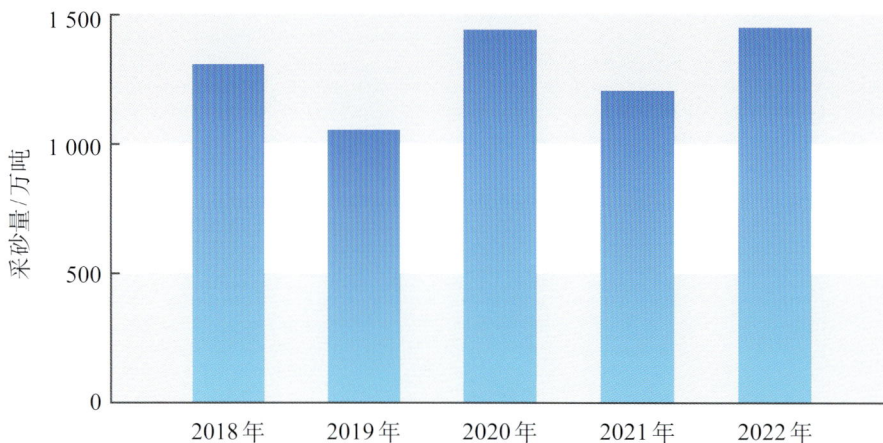

图 2-6　长江干流河道采砂量年际变化

3. 航道整治工程

2022年，长江干线在建航道整治工程有5项（表2-2），涉及河段长度637.5千米。工程泥沙总疏浚量约188万米^3、清礁量约41万米^3。建设生态护岸510米、生态格梗4道共797米、增设人工鱼礁区1处。

表2-2　2022年长江干线在建航道整治工程

序号	项目名称	航道等级	涉河长度／千米	疏浚量／万米³
1	长江上游朝天门至涪陵河段航道整治工程	Ⅰ级	123	46（清礁量41）
2	长江上游涪陵至丰都河段航道整治工程	Ⅰ级	48	0
3	长江干线武汉至安庆段6米水深航道整治工程	Ⅰ级	386.5	0
4	长江下游江心洲至乌江河段航道整治二期工程	Ⅰ级	56	142
5	长江下游芜裕河段航道整治工程	Ⅰ级	24	0

（五）水生生物完整性指数

1.长江上游

2022年长江上游完整性指数为55.5分，比2021年增加6.6分，其中：鱼类状况指数60.0分，比2021年增加20.0分，主要是单位捕捞量明显上升；重要物种状况指数40.0分，生境状况指数66.6分，均与2021年持平。

长江上游完整性指数评价等级为"较差"，与2021年持平，主要是圆口铜鱼等区域代表物种数量较少，个体数占比仅为基准值的7.2%。

2.三峡库区

2022年三峡库区完整性指数为45.5分，比2021年增加5.5分，其中：鱼类状况指数56.6分，比2021年增加16.6分，主要是种类数比2021年有所增加；重要物种状况指数40.0分，生境状况指数40.0分，均与2021年持平。

三峡库区完整性指数评价等级为"较差"，与2021年持平，主要是外来物种种类数较多。

3. 长江中游

2022年长江中游完整性指数为55.5分，比2021年增加9.9分，其中：鱼类状况指数40.0分，比2021年增加20.0分，主要是资源量显著上升；重要物种状况指数60.0分，比2021年增加10.0分，主要是区域代表物种四大家鱼早期资源量上升明显；生境状况指数66.6分，与2021年持平。

长江中游完整性指数评价等级为"较差"，与2021年持平，主要是中华鲟等重点保护物种少、部分江段岸线硬化度较高。

4. 长江下游

2022年长江下游完整性指数为41.7分，比2021年增加6.7分，其中：鱼类状况指数50.0分，比2021年减少3.3分，主要是种类数比2021年减少8种；重要物种状况指数35.0分，比2021年增加30.0分，主要是长江江豚数量和刀鲚资源量有所增加；生境状况指数40.0分，比2021年减少6.7分，主要是总氮超标幅度增大。

长江下游完整性指数评价等级为"较差"，比2021年上升一个等级，主要是鱼类资源量仍处于较低水平、重点保护物种种类及数量较少，镇江、安庆等断面总氮超标幅度较高。

5. 长江口

2022年长江口完整性指数为24.4分，与2021年持平。其中：鱼类状况指数0分，关键性指标鱼类物种数为基准值的46.5%（低于50%为0分）；重要物种状况指数40.0分，生境状况指数33.3分，均与2021年持平。

长江口完整性指数评价等级为"差"，与2021年持平，主要是鱼类物种数较少、长江上海段岸线硬化度较高和无机氮超标。

三、通江湖泊

（一）水生生物资源

1.洞庭湖

2022年，洞庭湖监测到土著鱼类86种。香农－威纳多样性指数为3.4，比2021年上升3.0%。单位捕捞量为4.5千克，比2021年下降4.3%，优势种为鲢、鳙、草鱼、鳡和鲂，相比2021年，肉食性鱼类鳡数量略有增加，群落结构有所改善。

四大家鱼、鲤、鲫、鳊和鲇等物种重量占比为67.7%，比2021年上升9.4个百分点，资源占比有所上升。2022年监测到鳡14尾，洄游性刀鲚1尾。

2.鄱阳湖

2022年，鄱阳湖监测到土著鱼类76种。香农－威纳多样性指数为3.2，比2021年上升3.2%。单位捕捞量为4.9千克，受枯水期延长等因素影响，比2021年下降10.9%，优势物种为鳙、鲢、鲂、草鱼和鲤，相比2021年，均以江湖洄游性和湖泊定居性鱼类为主，群落结构相对稳定。

四大家鱼、鲤、鲫、鳊、鲂和鲇等物种重量占比为71.6%，比2021年下降13.5个百分点。监测到鳡5尾。

（二）重点保护物种

2022年，通江湖泊长江江豚自然种群数量654头，与2012年、2017年相比，分别增加114头、87头，长江江豚种群数量持续增加。

1. 洞庭湖

2022年，洞庭湖长江江豚自然种群数量162头，主要分布于湘江营田镇至洞庭湖大桥（图3-1）。发现野外死亡长江江豚2头，均为雄性。监测到长江鲟幼体1尾和胭脂鱼1尾。

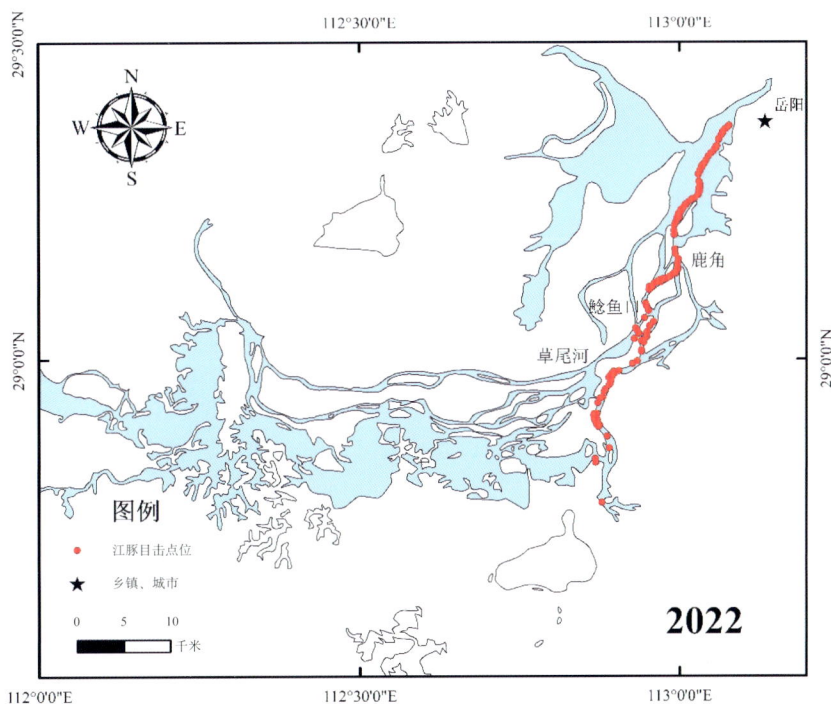

图3-1　2022年洞庭湖长江江豚种群分布

2. 鄱阳湖

2022年，鄱阳湖长江江豚自然种群数量492头，主要分布于都昌朱袍山至诸溪河口、赣江西支吴城镇至老爷庙、通江水道和松门山南北沙坑水域（图3-2）。发现野外死亡长江江豚10头，其中6头雌性，4头雄性。监测到胭脂鱼1尾。

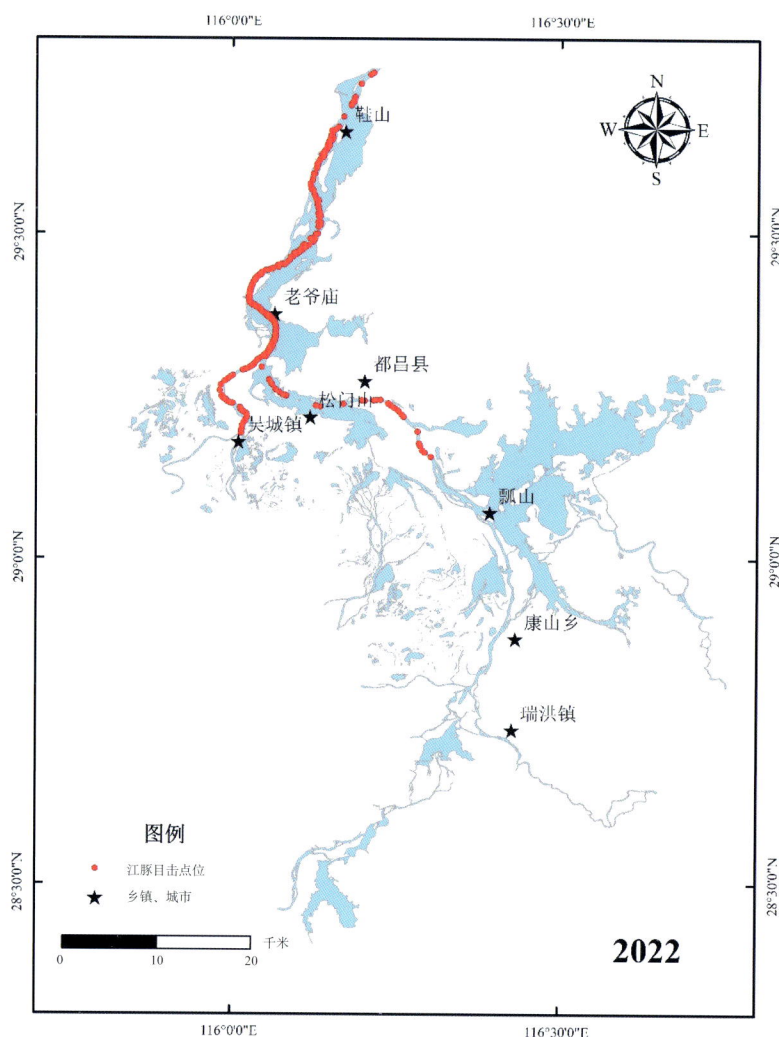

图3-2　2022年鄱阳湖长江江豚种群分布

（三）外来物种

洞庭湖：监测到杂交鲟、鲮、麦瑞加拉鲮3种6尾。

鄱阳湖：监测到大眼华鳊、散鳞镜鲤、杂交鲟3种5尾。相比2021年，新监测到大眼华鳊和散鳞镜鲤2种。

（四）栖息生境

2022年，洞庭湖及主要支流采砂总量约5 846万吨；鄱阳湖及主要支流采砂总量约4 512万吨。近五年来，通江湖泊及其主要支流采砂总量呈现上升趋势（图3-3、图3-4）。

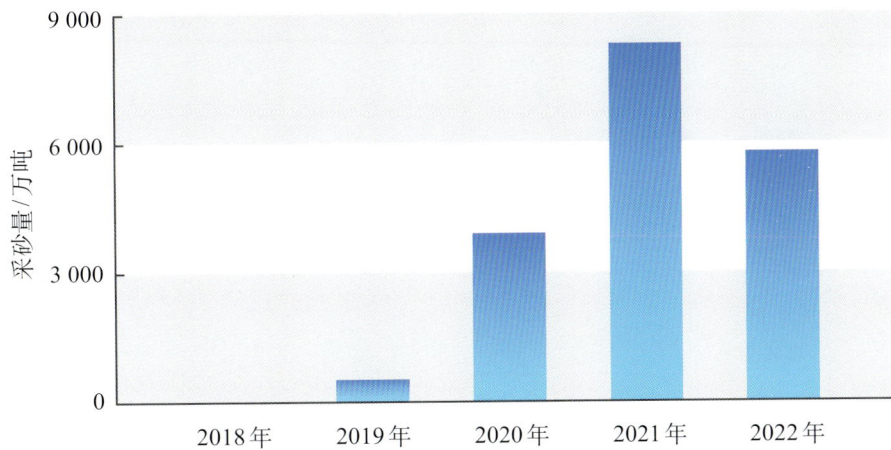

图3-3 洞庭湖及其主要支流河道采砂量年际变化

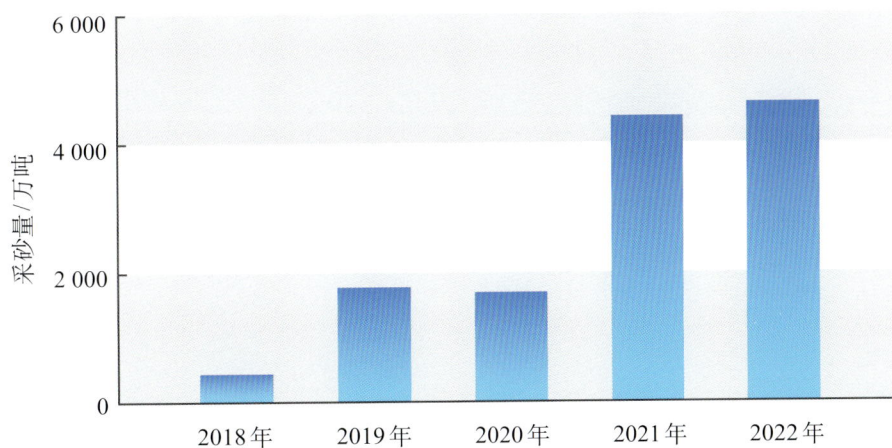

图3-4 鄱阳湖及其主要支流河道采砂量年际变化

（五）水生生物完整性指数

1. 洞庭湖

2022年洞庭湖完整性指数为55.0分，比2021年增加13.3分，其中：鱼类状况指数60.0分，比2021年增加13.3分，主要是鱼类种类数增加17种、成鱼比例上升16.6个百分点；重要物种状况指数30.0分，比2021年增加10.0分，主要是长江江豚种群数量增加；生境状况指数75.0分，比2021年增加10.0分，主要是渔业水质有所改善。

洞庭湖完整性指数评价等级为"较差"，与2021年持平，主要是种类数和重点保护物种较少，沿湖岳阳市、沅江市等人口密集区岸线硬化度较高。

2.鄱阳湖

2022年鄱阳湖完整性指数为52.2分，比2021年增加5.5分，其中：鱼类状况指数56.7分，比2021年增加16.7分，主要是鱼类种类数比2021年增加10种；重要物种状况指数40.0分，比2021年增加10.0分，长江江豚数量有所增加；生境状况指数60.0分，比2021年减少10.0分，主要是部分水域渔业水质变差。

鄱阳湖完整性指数为"较差"，与2021年持平，主要是重点保护物种种类较少，沿湖庐山市、都昌县等岸线硬化度较高。

四、重要支流

（一）水生生物资源

1.大渡河

大渡河是岷江最大支流。2022年，大渡河监测到土著鱼类38种，香农－威纳多样性指数为2.4，单位捕捞量均值为0.3千克，优势种为齐口裂腹鱼、重口裂腹鱼、鲢、长丝裂腹鱼和鲤，以静水或缓流水生境鱼类为主。

2.岷江

岷江曾被认为是长江正源，于宜宾市注入长江，是成都平原的最重要的水资源。2022年，岷江监测到土著鱼类65种，香农－威纳多样性指数为3.2，单位捕捞量均值为2.2千克，优势种为鲤、圆吻鲴、鲢、中华倒刺鲃和草鱼，以静水或缓流水生境鱼类为主。

3.沱江

沱江位于四川省中部，经简阳市、资阳市、资中县、内江市、自贡市、富顺县等至泸州市汇入长江。2022年，沱江监测到土著鱼类71种，香农－威纳多样性指数为3.4，单位捕捞量均值为1.3千克，优势种为鲤、鲢、鳙、鲫和草鱼，均为静水或缓流水生境鱼类。鲤、鲫和鲇等物种个体数占比为19.5%，较基准值偏低。

4.赤水河

赤水河是唯一保持自然流态的长江一级支流，2017年起率先实施常年禁渔。2022年，赤水河监测到土著鱼类87种，香农－威纳多样性指数为3.1，多样性指数比2021年上升0.3%。单位捕捞量均值为1.04千克，优势种为瓦氏黄颡鱼、中华倒刺鲃、厚颌鲂、唇鲔和吻鮈，相比2021年，仍以流水生境鱼类为主。区域代表物种岩原鲤个体数占比为1.4%，与2021年持平。

5.嘉陵江

嘉陵江是流域面积最大的长江支流，也是长江上游重要生态屏障和水源涵养地。2022年，嘉陵江监测到土著鱼类64种，香农－威纳多样性指数为3.1，单位捕捞量均值为0.7千克，优势种为黄尾鲴、鳙、鲢、拟尖头鲌和草鱼，以静水或缓流水生境鱼类为主。

6.乌江

乌江是长江上游南岸最大的支流，为贵州省第一大河，由涪陵汇入长江。2022年，乌江监测到土著鱼类43种，香农－威纳多样性指数为2.6，单位捕捞量为2.0千克，优势种为鳙、鲢、鳌、鲫和中华倒刺鲃，以静水或缓流水生境鱼类为主。

7.汉江

汉江是长江最长的支流，干流流经陕西和湖北两省，在武汉汇入长江。

2022年，汉江监测到土著鱼类69种，香农–威纳多样性指数为3.2，单位捕捞量为2.1千克，优势种为鲢、鲤、鳙、黄尾鲴和鳊，均为静水或缓流水生境鱼类。监测到鳡16尾。

（二）重点保护物种

1. 国家一级保护野生动物

2022年，在沱江和赤水河共监测到放流长江鲟幼体72尾，其中沱江7尾，赤水河65尾。

2. 国家二级保护野生动物

2022年，在大渡河、岷江、赤水河等支流监测到国家二级保护动物岩原鲤、重口裂腹鱼、胭脂鱼、青石爬鮡、长薄鳅、圆口铜鱼、多鳞白甲鱼和鲈鲤8种928尾。

（三）外来物种

大渡河：监测到云斑鮰、散鳞镜鲤、斑点叉尾鮰、虹鳟和杂交鲟5种14尾。

岷江：监测到杂交鲟、大鳞鲃、散鳞镜鲤、革胡子鲇、云斑鮰、斑点叉尾鮰和虹鳟7种271尾。

沱江：监测到革胡子鲇和散鳞镜鲤2种11尾。

赤水河：监测到杂交鲟、鲮、大鳞鲃、革胡子鲇、散鳞镜鲤5种12尾。相比2021年，新监测到鲮。

嘉陵江：监测到杂交鲟和散鳞镜鲤2种14尾。

乌江：监测到齐氏罗非鱼396尾。

汉江：监测到杂交鲟、台湾泥鳅、麦瑞加拉鲮和锦鲤4种25尾。

（四）栖息生境

1. 水质

2022年，主要支流水质总体为优。监测的935个国控断面中，Ⅰ～Ⅲ类水质断面占98.0%，比2021年上升1.2个百分点，无劣Ⅴ类水质断面。近五年来，长江主要支流Ⅰ～Ⅲ类水质占比呈现上升趋势（图4-1）。

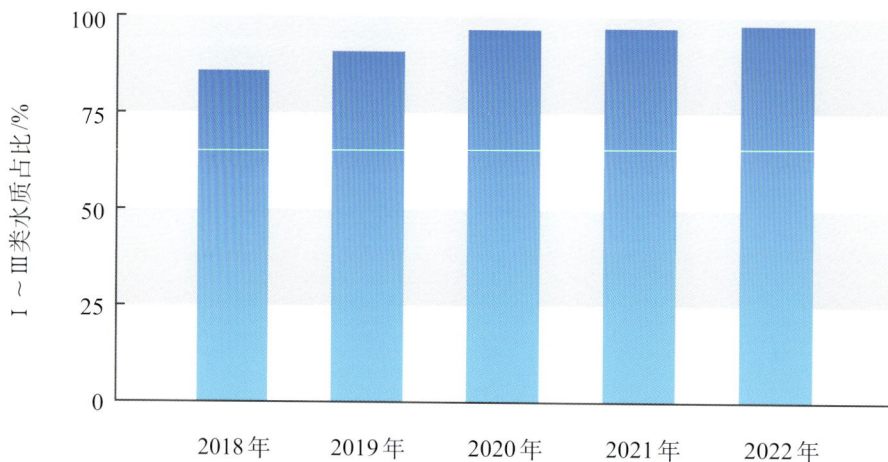

图4-1　长江主要支流水质年际变化情况

2. 水文

2022年，长江主要支流水文控制站年径流以汉江皇庄最低，为312.3亿米³，洞庭湖水道城陵矶最高，为2 289亿米³。主要支流水文控制站径流量见表4-1。

表4-1 2022年长江主要支流水文控制站径流量

水文控制站	年径流量／亿米^3	水文控制站	年径流量／亿米^3
雅砻江桐子林	520.1	湘江湘潭	780.1
岷江高场	704.2	沅江桃源	590.7
嘉陵江北碚	488.3	洞庭湖水道城陵矶	2 289
乌江武隆	356	赣江外洲	668
汉江皇庄	312.3	鄱阳湖水道湖口	1 430

（五）水生生物完整性指数

1. 大渡河

2022年大渡河完整性指数为27.8分，其中，鱼类状况指数0分，关键性指标鱼类物种数为基准值的41.1%（低于50%为0分），重要物种状况指数53.3分，生境状况指数30.0分。

大渡河完整性指数评价等级为"差"，主要是鱼类种类数和区域代表性物种数量少、水体连通性较差。

2. 岷江

2022年岷江完整性指数为36.7分，其中，鱼类状况指数20.0分，重要物种状况指数40.0分，生境状况指数50.0分。

岷江完整性指数评价等级为"差"，主要是鱼类种类数仅为基准值的50.7%、外来物种种类数多、水体连通性较差。

3.沱江

2022年沱江完整性指数为42.2分，其中，鱼类状况指数33.3分，重要物种状况指数46.7分，生境状况指数46.7分。

沱江完整性指数评价等级为"较差"，主要是特有鱼类种类较少、渔业水质总氮含量超标。

4.赤水河

2022年赤水河完整性指数为80.0分，与2021年持平，其中，鱼类状况指数60.0分，重要物种状况指数80.0分，生境状况指数100.0分，均与2021年持平。赤水河鱼类资源量、重点保护物种数等指标相对较好，禁渔效果明显，鱼类资源总体稳定向好。

赤水河完整性指数评价等级为"良"，与2021年持平，主要是赤水河干流保持自然连通、渔业水质状况总体较好、鱼类资源量恢复明显。

5.嘉陵江

2022年嘉陵江完整性指数为40.0分，其中，鱼类状况指数40.0分，重要物种状况指数60分，生境状况指数20.0分。

嘉陵江完整性指数评价等级为"较差"，主要是长江上游特有鱼类种类数少、水体连通性较差。

6.乌江

2022年乌江完整性指数为46.7分，其中，鱼类状况指数40.0分，重要物种状况指数80.0分，生境状况指数20.0分。

乌江完整性指数评价等级为"较差"，主要是外来物种数量多、水体连通性差。

7. 汉江

2022年汉江完整性指数为44.4分，其中，鱼类状况指数53.3分，重要物种状况指数0分，生境状况指数80.0分。

汉江完整性指数评价等级为"较差"，主要是未监测到多鳞白甲鱼等汉江重点保护物种、外来物种种类较多。

五、保护管理制度

为贯彻落实党中央、国务院关于共抓长江大保护和长江十年禁渔决策部署，持续做好长江生物多样性保护工作，2022年有关部门出台了一系列水生生物保护法律、法规、规章及政策。

1. 法律法规和部门规章

《中华人民共和国湿地保护法》：第十三届全国人民代表大会常务委员会第三十二次会议通过《中华人民共和国湿地保护法》，自2022年6月1日起施行。本法确立了"保护优先、严格管理、系统治理、科学修复、合理利用"的原则，建立了覆盖全面、体系协调、功能完备的湿地保护法律制度。

《渔业行政处罚规定》：2022年1月7日，农业农村部令2022年第1号公布对《渔业行政处罚规定》的修订，将第六条修改为："依照《渔业法》第三十八条和《实施细则》第二十九条规定，有下列行为之一的，没收渔获物和违法所得，处以罚款；情节严重的，并处没收渔具、吊销捕捞许可证；情节特别严重的，可以没收渔船。罚款按以下标准执行：（一）使用炸鱼、毒鱼、电鱼等破坏渔业资源方法进行捕捞的，违反关于禁渔区、禁渔期的规定进行捕捞的，或者使用禁用的渔具、捕捞方法和小于最小网目尺寸的网具进行捕捞或者渔获物中幼鱼超过规定比例的，在内陆水域，处以三万元以下罚款；在海洋水域，处以五万元以下罚款。（二）敲舟白作业的，处以一千元至五万元罚款。（三）擅自捕捞国家规定禁止捕捞的珍贵、濒危水生动物，按

《中华人民共和国野生动物保护法》和《中华人民共和国水生野生动物保护实施条例》执行。（四）未经批准使用鱼鹰捕鱼的，处以五十元至二百元罚款。在长江流域水生生物保护区内从事生产性捕捞，或者在长江干流和重要支流、大型通江湖泊、长江河口规定区域等重点水域禁捕期间从事天然渔业资源的生产性捕捞的，依照《中华人民共和国长江保护法》第八十六条规定进行处罚。"

《渔业捕捞许可规定》：2022年1月7日，农业农村部令2022年第1号公布了对《渔业捕捞许可规定》的修订，将第四十七条第二款修改为："使用无效的渔业捕捞许可证或者无正当理由不能提供渔业捕捞许可证的，视为无证捕捞。"

《外来入侵物种管理办法》：2022年5月31日，农业农村部、自然资源部、生态环境部、海关总署令第4号公布《外来入侵物种管理办法》，自2022年8月1日起施行。提出规范引种管理、强化口岸防控、加强境内检疫等要求。

《关于审理生态环境侵权纠纷案件适用惩罚性赔偿的解释》：2022年1月12日，最高人民法院发布《关于审理生态环境侵权纠纷案件适用惩罚性赔偿的解释》（法释〔2022〕1号），自2022年1月20日起施行。明确"建设项目未依法进行环境影响评价，或者提供虚假材料导致环境影响评价文件严重失实，被行政主管部门责令停止建设后拒不执行的；在相关自然保护区域、禁猎（渔）区、禁猎（渔）期使用禁止使用的猎捕工具、方法猎捕、杀害国家重点保护野生动物、破坏野生动物栖息地的，人民法院应当认定侵权人具有污染环境、破坏生态的故意"。

《关于办理破坏野生动物资源刑事案件适用法律若干问题的解释》：2022年4月6日，最高人民法院、最高人民检察院发布《关于办理破坏野生动物资源刑事案件适用法律若干问题的解释》（法释〔2022〕12号），自2022年4月9日起施行。

2. 政策文件

《"十四五"全国渔业发展规划》：2022年1月6日，农业农村部印发《"十四五"全国渔业发展规划》，对传统养殖、捕捞、加工等产业着力推进转型升级，不断提升质量效益和竞争力；对稻渔综合种养、深远海养殖、大水面生态渔业、海洋牧场、休闲渔业等新业态新模式，高起点谋划、高标准发展；对渔业资源管理，强化保护和生态修复，加快推进从投入管理为主转变为以产出管理为主。强调创新驱动发展，把制度创新、科技创新、经营体制创新等作为高质量发展的根本动能。

《关于做好"十四五"水生生物增殖放流工作的指导意见》：2022年1月27日，农业农村部发布《关于做好"十四五"水生生物增殖放流工作的指导意见》（农渔发〔2022〕1号）。指出与增殖放流工作相匹配的技术支撑体系初步建立，增殖放流科技支撑能力不断增强；增殖放流成效进一步扩大，成为恢复渔业资源、保护珍贵濒危物种、改善生态环境、促进渔民增收的重要举措和关键抓手。要求逐步构建"区域特色鲜明、目标定位清晰、布局科学合理、管理规范有序"的增殖放流苗种供应体系；确定一批社会放流平台，社会化放流活动得到规范引导。

《"中国渔政亮剑2022"系列专项执法行动方案》：2022年3月17日，农业农村部印发《"中国渔政亮剑2022"系列专项执法行动方案》（农办渔〔2022〕5号）。要求全覆盖、无死角摸排违法线索，聚焦四个重点、严打非法捕捞，严打不法垂钓行为、规范垂钓管理，建立健全制度、强化经营监管，实施"亮江"工程，加强能力建设。

《关于进一步做好长江流域重点水域退捕渔民安置保障工作的通知》：

2022年5月17日，人力资源社会保障部、国家发展改革委、民政部、财政部、农业农村部印发《关于进一步做好长江流域重点水域退捕渔民安置保障工作的通知》（人社部发〔2022〕28号），要求相关区域部门从准确把握总体要求、锁定重点帮扶对象、精准开展就业帮扶、分类组织技能培训、兜牢社会保障底线、倾斜帮扶重点地区、防范化解风险隐患、强化宣传教育引导八个方面巩固拓展退捕渔民安置保障成效。

《全国农业综合行政执法基本装备配套指导标准（2022年版）》：2022年5月27日，农业农村部印发《全国农业综合行政执法基本装备配套指导标准（2022年版）》（农法发〔2022〕3号）。

废止《农业部关于长江干流实施捕捞准用渔具和过渡渔具最小网目尺寸制度的通告（试行）》：2022年8月11日，农业农村部公告第589号废止《农业部关于长江干流实施捕捞准用渔具和过渡渔具最小网目尺寸制度的通告（试行）》，自公告发布之日起生效。

《关于加强水生生物资源养护的指导意见》：2022年11月22日，农业农村部发布《关于加强水生生物资源养护的指导意见》（农渔发〔2022〕23号），要求"以养护水生生物资源为重点任务，以可持续发展为主要目标，实施好长江十年禁渔，促进渔业绿色转型，进一步完善制度体系、强化养护措施、加强执法监管，提升渔业发展的质量和效益，加快形成人与自然和谐共生的水生生物资源养护利用新局面"。明确到2025年，长江完整性指数有所改善，长江江豚、海龟、斑海豹、中华白海豚等珍贵濒危物种种群数量保持稳定。到2035年，长江完整性指数显著改善，长江江豚、海龟、斑海豹、中华白海豚等珍贵濒危物种种群数量有所恢复。水产种质资源保护利用体系基本建立，水产种质资源应保尽保。

《重点管理外来入侵物种名录》：2022年12月20日，农业农村部、自然资源部、生态环境部、住房和城乡建设部、海关总署、国家林草局公告第567号发布《重点管理外来入侵物种名录》，自2023年1月1日起施行。

成立长江水生生物科学委员会：2022年12月9日，农业农村部长江渔政监督管理办公室发文宣布成立长江水生生物科学委员会（长渔发〔2022〕7号）。

六、重要保护行动

增殖放流：2022年，长江流域共放流淡水水生生物42.2亿尾(只)。其中，上海市1.2亿尾(只)、江苏省5.9亿尾(只)、浙江省9.8亿尾、安徽省2.5亿尾(只)、江西省3.2亿尾、河南省0.3亿尾、湖北省3.0亿尾、湖南省6.2亿尾、重庆市0.1亿尾、四川省8.9亿尾、贵州省0.3亿尾、云南省0.3亿尾、陕西省0.1亿尾、甘肃省0.2亿尾、青海省0.2亿尾。长江流域放流胭脂鱼、长薄鳅、松江鲈等珍稀特有水生动物1 433.8万尾。其中，上海市5.7万尾、江苏省33.8万尾、浙江省2.2万尾、安徽省0.3万尾、江西省31.8万尾、河南省0.5万尾、湖北省52.8万尾、湖南省23.2万尾、重庆市135.1万尾、四川省748.1万尾、贵州省83.2万尾、云南省217.0万尾、陕西省4.4万尾、甘肃省85.7万尾、青海省10.0万尾（图6-1）。

图6-1 水生生物增殖放流活动

川陕哲罗鲑栖息地种群重建活动：2022年8月9日，农业农村部在青海省果洛州班玛县组织开展川陕哲罗鲑栖息地种群重建活动，共放流川陕哲罗鲑4龄鱼16尾，重口裂腹鱼、齐口裂腹鱼等长江上游特有水生生物共计10万余尾。

长江江豚科学考察：2022年9月19日，2022年长江江豚科学考察正式启动，考察覆盖有长江江豚分布的长江中下游干流、鄱阳湖、洞庭湖以及部分支流汉江水域，由120余名考察队员、20余艘渔政船艇同步实施（图6-2）。

图6-2　长江江豚科学考察

本公报由农业农村部长江流域渔政监督管理办公室、水利部长江水利委员会、生态环境部长江流域生态环境监督管理局、交通运输部长江航务管理局联合发布。其中，水生生物资源数据来自农业农村部长江流域水生生物资源监测体系的常规监测和专项监测，同时吸收了中国科学院、中国长江三峡集团有限公司相关科研单位的监测数据；法律法规政策部分由农业农村部渔政保障中心搜集整理提供；长江流域栖息生境数据引自《2022中国生态环境状况公报》和2022年《中国河流泥沙公报》。

水生生物资源监测技术标准依据为《长江水生生物资源监测手册》，重要栖息生境水质监测标准依据为《渔业生态环境监测规范》（SC/T 9102—2007），水质指标评价依据为《渔业水质标准（GB 11607—1989）》《地表水环境质量标准（GB 3838—2002）》。

公报中涉及的部分名词或术语说明如下：

1. 长江干流河段划分：长江上游为宜宾至重庆段，三峡库区为重庆至宜昌段，长江中游为宜昌至湖口段，长江下游为湖口至常熟徐六泾段，长江口为常熟徐六泾以下江段。

2. 土著鱼类：指历史上自然分布于长江流域的鱼类。

3. 外来物种：指历史上在长江流域没有自然分布，通过人类活动直接或间接引入的物种，本公报中指外来鱼类。

4. 重点保护物种：被列入《国家重点保护野生动物名录》（国家林业和草

原局、农业农村部公告〔2021〕3号）的物种。

5. **优势种**：指监测渔获物中重量占比前五的种类。

6. **区域代表物种**：指适应特定的区域生境、有传统渔业价值或受关注度高的物种，其种群状况能够反映区域水生生物丰富度及生态保护和修复效果。

7. **香农–威纳多样性指数**：用来描述物种个体出现的紊乱和不确定性，种类数目越多、种类之间个体分配越均匀，多样性越高。是常用的具有代表性的测定物种多样性的指数，是反映物种丰富度和均匀度的综合性指标。计算公式如下：

$$H=-\sum_{i=1}^{S}P_i \ln P_i$$

式中，H 为物种的多样性指数；S 为物种数目；P_i 为属于种 i 的个体在全部个体中的比例；ln 表示以 e 为底的对数运算。

8. **单位捕捞量**：标准化为 1 000 米² 监测网具 1 小时捕捞的渔获量（千克），可作为相对资源量指标或资源分布密度指数来反映资源量状况。

9. **大通水文控制站**：长江下游干流最后一个径流控制站，可反映长江全流域的河川径流量情况。

10. **水生生物完整性指数**：简称"完整性指数"，依据农业农村部印发的《长江流域水生生物完整性指数评价办法（试行）》，从"鱼类状况指数""重要物种状况指数"和"生境状况指数"3个方面开展评价，其中，与种类相关的指标（种类数、优势科、营养结构、外来物种、洄游性物种、重点保护物种、特有鱼类）采用近5年累积的监测数据。评价等级分为6级，依次为优（90～100）、良（80～90）、一般（60～80）、较差（40～60）、差（20～40）、无鱼（0～20）。

公报编制单位

发布单位：

农业农村部长江流域渔政监督管理办公室

水利部长江水利委员会

生态环境部长江流域生态环境监督管理局

交通运输部长江航务管理局

主编单位：

农业农村部长江流域水生生物资源监测中心

中国水产科学研究院长江水产研究所

编写成员单位：

农业农村部渔政保障中心

中国水产科学研究院淡水渔业研究中心

中国水产科学研究院东海水产研究所

中国科学院水生生物研究所

水利部中国科学院水工程生态研究所

中国长江三峡集团有限公司中华鲟研究所

上海市水生野生动植物保护研究中心

（农业农村部长江流域水生生物资源监测上海站）

江苏省淡水水产研究所

（农业农村部长江流域水生生物资源监测江苏站）

浙江省海洋水产研究所

（农业农村部长江流域水生生物资源监测浙江站）

安徽省农业科学院水产研究所

（农业农村部长江流域水生生物资源监测安徽站）

江西省水生生物保护救助中心

（农业农村部长江流域水生生物资源监测江西站）

河南省水产科学研究院

（农业农村部长江流域水生生物资源监测河南站）

湖北省水产科学研究所

（农业农村部长江流域水生生物资源监测湖北站）

湖南省水产科学研究所

（农业农村部长江流域水生生物资源监测湖南站）

重庆市水产技术推广总站

（农业农村部长江流域水生生物资源监测重庆站）

四川省农业科学院水产研究所

（农业农村部长江流域水生生物资源监测四川站）

贵州省水产研究所

（农业农村部长江流域水生生物资源监测贵州站）

云南省渔业科学研究院

（农业农村部长江流域水生生物资源监测云南站）

陕西省水产研究与技术推广总站

（农业农村部长江流域水生生物资源监测陕西站）

甘肃省水产研究所

（农业农村部长江流域水生生物资源监测甘肃站）

青海省渔业技术推广中心

（农业农村部长江流域水生生物资源监测青海站）

图书在版编目（CIP）数据

长江流域水生生物资源及生境状况公报．2022年／
农业农村部长江流域渔政监督管理办公室等编著．—北
京：中国农业出版社，2023.11
ISBN 978-7-109-31425-2

Ⅰ.①长… Ⅱ.①农… Ⅲ.①长江流域－水生生物－
生物资源－生态环境－公报－2022 Ⅳ.①Q178.1

中国国家版本馆CIP数据核字(2023)第217762号

中国农业出版社出版
地址：北京市朝阳区麦子店街18号楼
邮编：100125
责任编辑：杨晓改 林维潘
版式设计：王 晨 责任校对：吴丽婷 责任印制：王 宏
印刷：北京通州皇家印刷厂
版次：2023年11月第1版
印次：2023年11月北京第1次印刷
发行：新华书店北京发行所
开本：889mm×1194mm 1/16
印张：3
字数：38千字
定价：45.00元